L'histoire de l'Univers

David Hughes

Éditions Gamma – Éditions du Trécarré

Paris – Tournai – Montréal

L'édition originale de cet ouvrage a paru sous le titre : *Story of the Universe*

Adaptation française de François Carlier

D/1991/0195/99
ISBN 2-7130-1247-3
(édition originale : ISBN 1-85511-038-5)

Exclusivité au Canada : Éditions du Trécarré, 817, rue McCaffrey, Saint-Laurent (Québec) H4T 1N3
Dépôts légaux, 3e trimestre 1991, Bibliothèque nationale du Québec, Bibliothèque nationale du Canada
ISBN 2-89249-396-X

Présentation générale de Sally Boothroyd

Imprimé en Italie

Auteurs des illustrations
Julian Baum, première page de couverture, p. 4, 8-9, 14, 21
Rhoda & Robert Burns/Drawing Attention, p. 7, 10 (droite), 18, 20, 27, 28
Paul Doherty, p. 10 (gauche), 10-11, 11, 12-13, 16-17
Hans Jensen, p. 24-25

Origine des photographies
Anglo-Australian Telescope Board, p. 6, 8-9, 13, 15, 30-31
British Museum (Histoire naturelle), p. 31
Observatoire européen austral, p. 29 (bas)
Akira Fujii, p. 2-3, 5 (haut), 14-15, 16, 23 (bas)
IRAS, p. 9
NASA, p. 23 (haut), 26, 29 (haut), 30
National Astronomy and Ionosphere Center, p. 22-23
Royal Observatory Edinburgh, dernière page de couverture, p. 1, 5 (bas), 12-13, 19
Survival Anglia, p. 7

Première page de la couverture : le big bang.
Dernière page de la couverture : le Grand Nuage de Magellan.
Page de titre : l'amas d'étoiles des Pléiades.
Pages 2-3 : la constellation du Sagittaire.

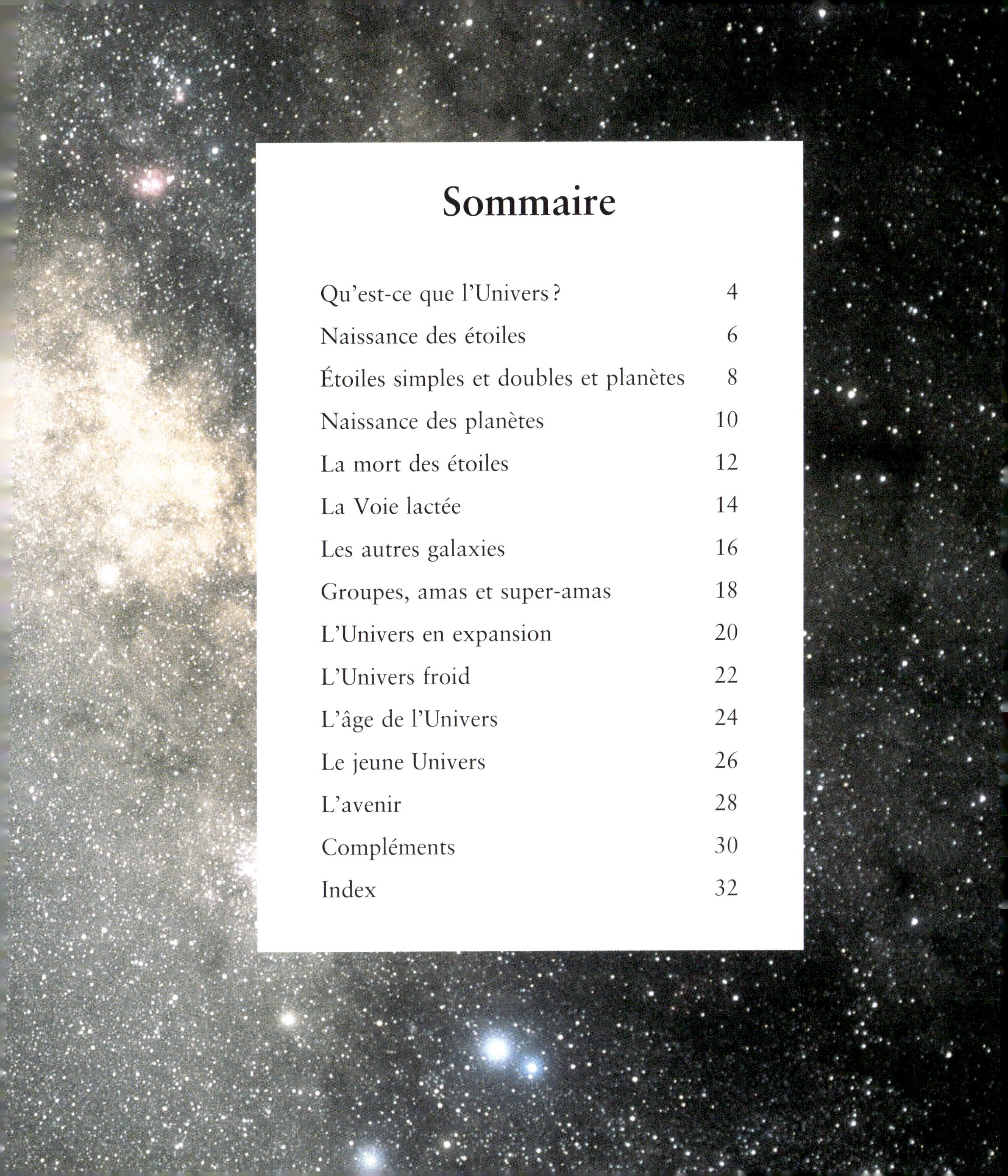

Sommaire

Qu'est-ce que l'Univers ?

Quand tu écris ton adresse, tu y mets le numéro de ta maison, les noms de la rue, de la ville et parfois du pays où tu vis. Tu pourrais y ajouter : Terre, Système solaire, Voie lactée, Univers. Mais quand tu as écrit le mot Univers, tu dois t'arrêter, car il n'y a rien à ajouter. Le mot Univers couvre en effet tout : les planètes et toutes les étoiles du ciel, y compris le Soleil, et aussi la Voie lactée ou galaxie d'étoiles innombrables à laquelle le Soleil appartient (on dit aussi dans ce cas : *la* Galaxie), et enfin toutes les autres galaxies.

L'Univers est tellement grand que nous ne pouvons le voir en entier. Même avec le plus grand télescope, nous n'en voyons qu'une petite partie. Près de la Terre se trouvent huit autres planètes et le Soleil. Ces planètes sont : Mercure, Vénus, Mars, Jupiter, Saturne, Uranus, Neptune et Pluton. Le Soleil se trouve dans une région de la Voie lactée appelée le bras d'Orion. Nous pouvons voir une partie de notre Galaxie comme une bande de lumière laiteuse qui traverse le ciel. Cette Galaxie fait partie d'un groupe de galaxies, parmi lesquelles trois seulement sont visibles à l'œil nu. Deux de celles-ci se trouvent dans l'hémisphère sud : ce sont de petites galaxies qui circulent autour de la Voie lactée. La troisième est la galaxie dite d'Andromède.

Au moyen d'un puissant télescope, tu peux voir toutes les planètes, des millions de galaxies et des centaines de milliards d'étoiles. Mais ce n'est encore qu'une petite partie de l'Univers. Il est étonnant que lorsqu'on regarde l'Univers dans toutes les directions, depuis la Terre, son aspect est pratiquement le même. L'Univers est tellement grand que, vu de l'intérieur depuis presque partout, il semble le même.

◄ Ce dessin représente la Voie lactée vue par la tranche. Cette Galaxie comprend un disque plat constitué d'étoiles, et un halo sphérique contenant des amas globulaires. Au milieu du disque se trouve un renflement, le noyau. Le second dessin montre que les étoiles sont groupées en des bras étirés en spirale. Notre Soleil se trouve aux deux tiers de la distance entre le centre et le bord.

► Des amas globulaires contenant chacun près d'un demi-million d'étoiles circulent autour du noyau. L'amas de la photo, appelé M13, est visible dans la constellation d'Hercule.

▼ Cette photo prise en direction du noyau de la Galaxie (vers la constellation du Sagittaire) montre un immense nuage d'étoiles.

Naissance des étoiles

Lorsque tu regardes vers le ciel par une nuit limpide, tu peux voir des centaines de points lumineux : ce sont des étoiles. Elles sont de grandeurs et d'âges différents, mais toutes ont certains points en commun : elles sont de gigantesques boules de gaz chauds qui émettent de la lumière, de la chaleur et d'autres formes d'énergie. Les étoiles produisent de l'énergie en leur centre par un processus appelé fusion nucléaire. La plupart des étoiles produisent cette énergie de façon régulière, comme le Soleil. Finalement toutes les étoiles épuisent leur réserve de « combustible » et se refroidissent.

De nouvelles étoiles naissent constamment. Imagine que tu regardes le ciel nocturne dans un puissant télescope. Tu verras dans certaines directions, très loin dans l'espace, d'immenses nuages de gaz et de poussières. Dans d'autres directions, des étoiles sont groupées très près l'une de l'autre. Toutes les étoiles d'un groupe se sont formées à peu près en même temps, lorsqu'un des nuages s'est contracté. Dans chaque nuage de gaz et de poussières, un combat se livre entre la chaleur et l'attraction (ou gravitation). La chaleur tend à dilater et à éparpiller le nuage. Mais l'attraction tend à le concentrer en une seule étoile de taille colossale.

▼ Les étoiles jaunâtres font partie du disque de notre Galaxie. Les étoiles bleuâtres, jeunes et très chaudes, forment un « amas ouvert ». Un nuage de gaz et poussières obscurcit une région.

Comme toute chose dans l'Univers, ces nuages tournent. Si l'attraction l'emporte, le nuage devient plus petit et tourne plus vite, jusqu'à éclater en milliers de fragments. Ceux-ci se contractent à leur tour et deviennent enfin des étoiles. À la longue, le groupe d'étoiles se disloque peu à peu. Le Soleil ne fait plus partie d'un groupe d'étoiles : il s'est éloigné depuis longtemps de ses voisines d'autrefois.

▲ Le Soleil se lève au-dessus des monts Taita (Kenya). Il est notre étoile. Ses rayons ont fourni lumière et énergie à tout notre monde. Cette lumière est restée constante pendant quelques milliards d'années, et a donné à la Terre une température constante. Ceci a permis un développement facile de la vie.

▶ Des réactions nucléaires produisent de l'énergie au centre du Soleil, et la chaleur est rayonnée vers l'extérieur. Sa surface est comme en ébullition, et des granules ou facules apparaissent au sommet des colonnes de gaz qui montent.

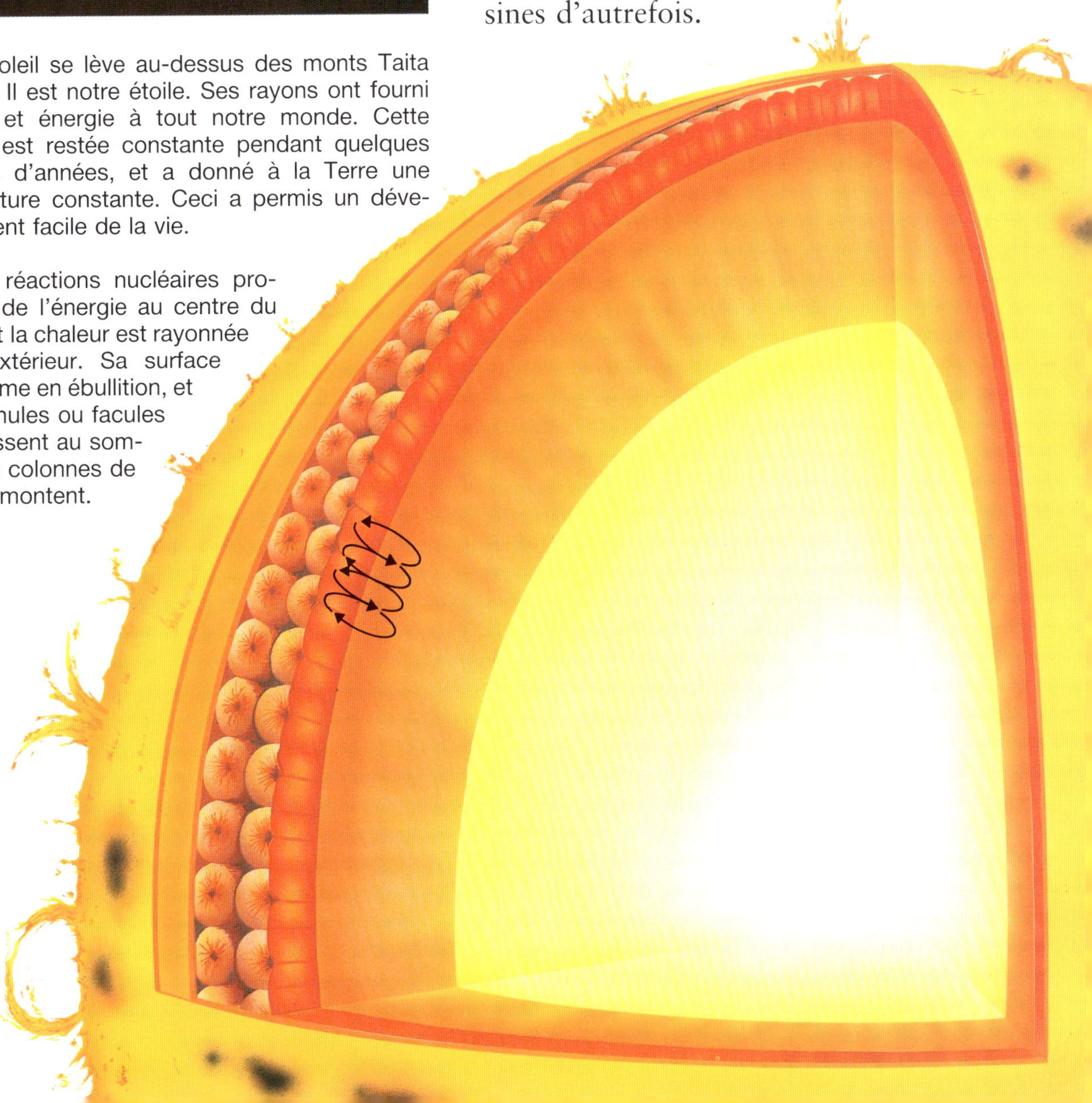

Étoiles simples et doubles et planètes

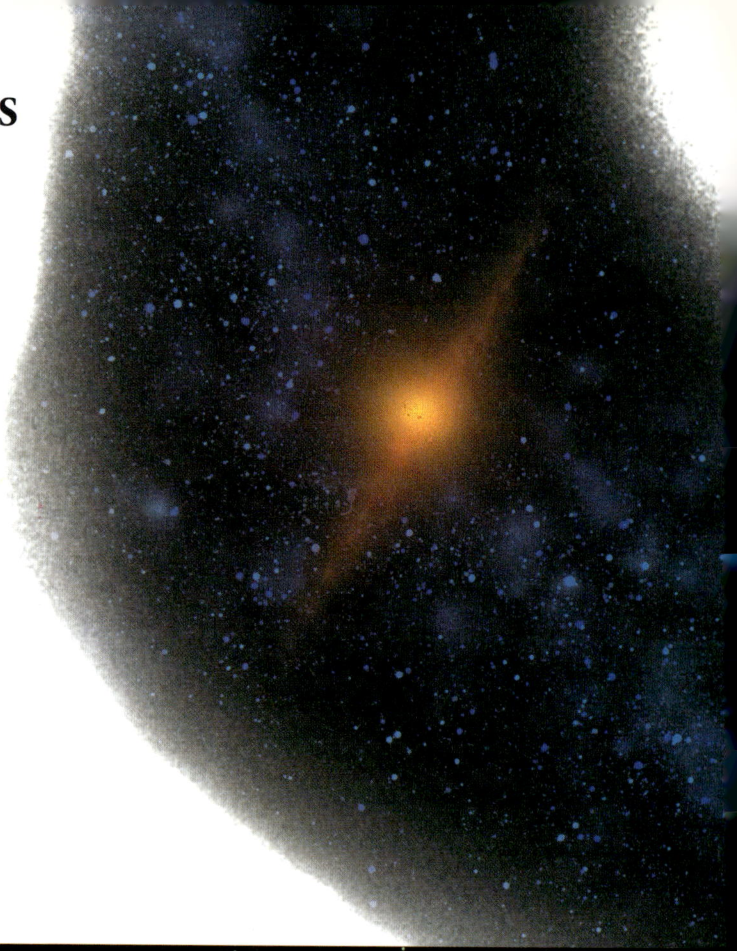

Les étoiles se forment à partir de fragments d'un nuage de gaz et de poussières. Si un fragment tourne lentement, il se contracte en une étoile unique, et les gaz et poussières laissés en arrière sont chassés finalement par le rayonnement venant de la nouvelle étoile. Si le fragment tourne vite, il éclatera durant sa contraction et formera une « étoile double », c'est-à-dire deux étoiles d'environ la même taille, tournant l'une autour de l'autre.

Si le fragment de nuage tourne à une vitesse moyenne, son centre se contracte, et une quantité assez importante de gaz et de poussières reste en arrière. Ces restes forment finalement un disque plat autour de l'étoile centrale. Cette région est à peu près aussi grande que notre système solaire. Elle contient environ quatre fois moins de gaz et poussières que l'étoile et constitue une « nébuleuse préplanétaire ». Il y a trop de gaz et de poussières pour que le rayonnement de l'étoile les chasse. À la longue, la nébuleuse s'aplatit et certains de ses fragments se heurtent et s'agglomèrent pour former un jeu de planètes, sur lesquelles des fragments tombent encore. Les savants pensent maintenant que la Terre s'est formée ainsi.

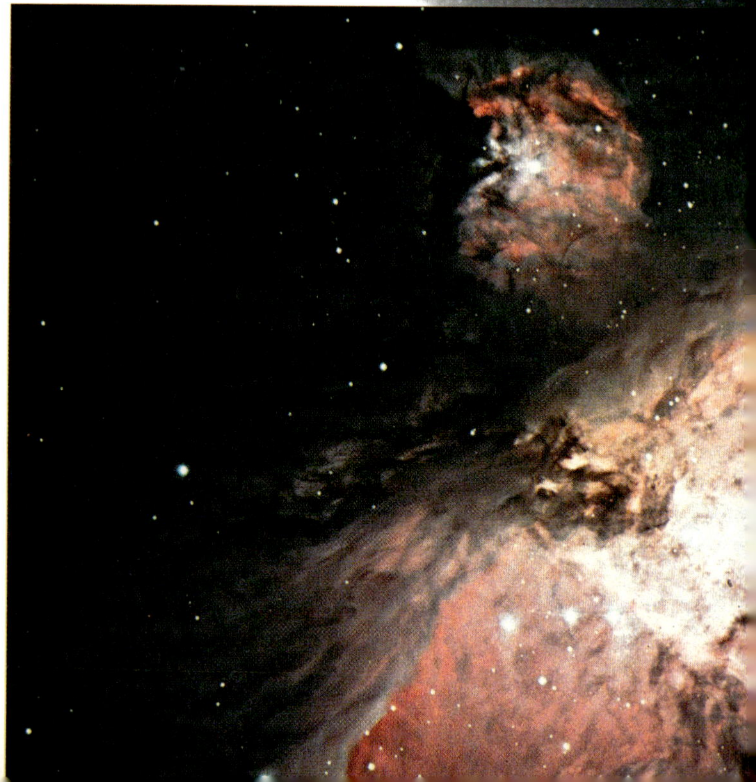

▶ Depuis la Terre, la nébuleuse d'Orion se remarque comme une tache rouge sur le glaive d'Orion. Des étoiles se forment dans cette région, et l'éclat rouge est dû à l'hydrogène.

► Cette photographie à l'infrarouge de l'étoile Bêta Pictoris montre qu'elle est entourée d'une nébuleuse préplanétaire.

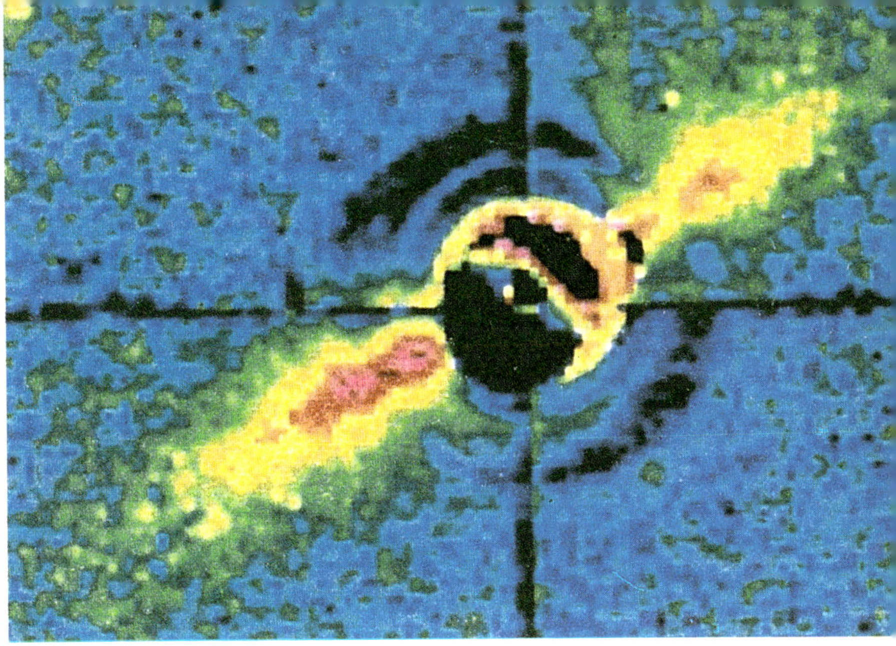

▼ Un nuage de gaz et poussières qui se contracte et tourne lentement forme une étoile unique (à gauche). S'il tourne à vitesse moyenne, il produit une étoile et des planètes (au milieu). S'il tourne vite, il formera deux étoiles (à droite).

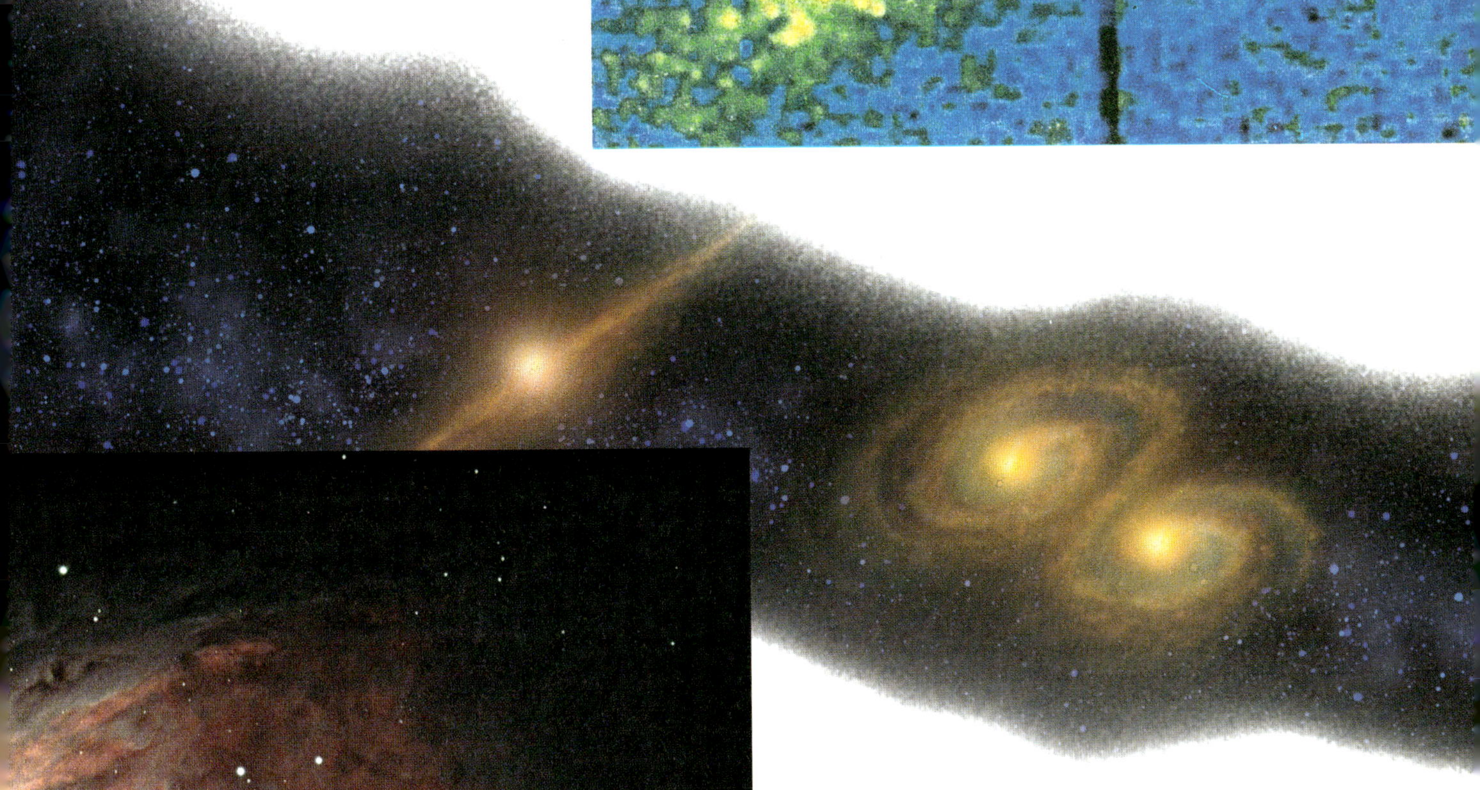

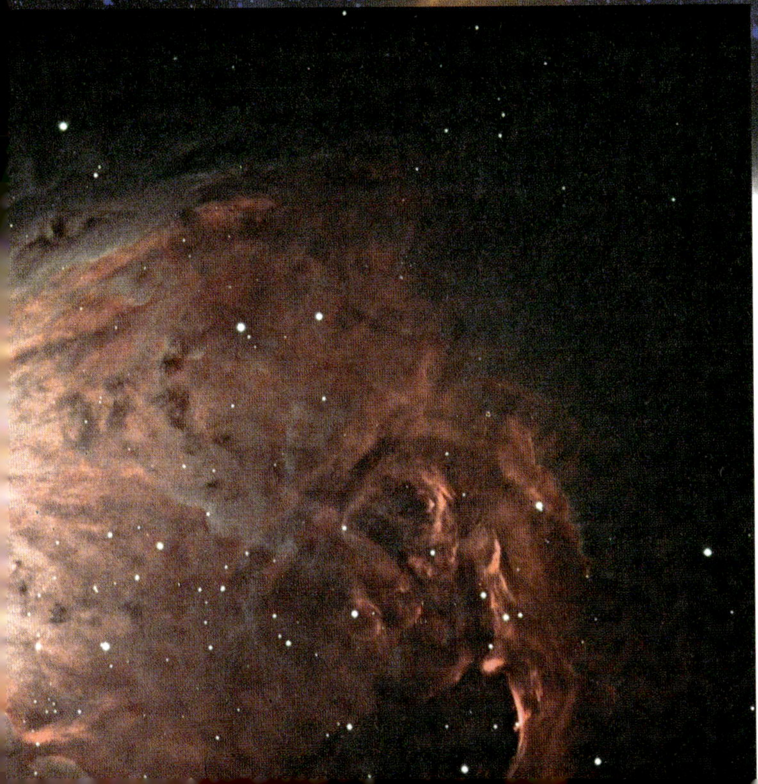

Les astronomes pensent qu'environ la moitié des étoiles de l'Univers sont des étoiles doubles, et un quart des étoiles simples sans planètes. Le dernier quart serait constitué d'étoiles entourées de planètes, pareilles au système solaire. Il y aurait donc quantité de planètes circulant autour des étoiles lointaines.

Naissance des planètes

Le Soleil s'est formé comme beaucoup d'autres étoiles. Les savants pensent que lorsqu'il s'est contracté à partir d'un nuage de gaz et poussières, il laissa autour de lui une nébuleuse préplanétaire. Les particules de poussière de cette nébuleuse tournant autour du jeune Soleil se heurtèrent et perdirent ainsi de la vitesse, ce qui rapprocha leurs trajectoires. Elles se disposèrent finalement côte à côte en un disque plat, comme les sillons d'un disque de phonographe. Ce disque comprenait des particules de diverses grandeurs, circulant dans un nuage plat d'hydrogène et d'hélium gazeux. Certaines particules étaient de petits blocs de fer ou de roches, et d'autres de légers flocons de neige sale.

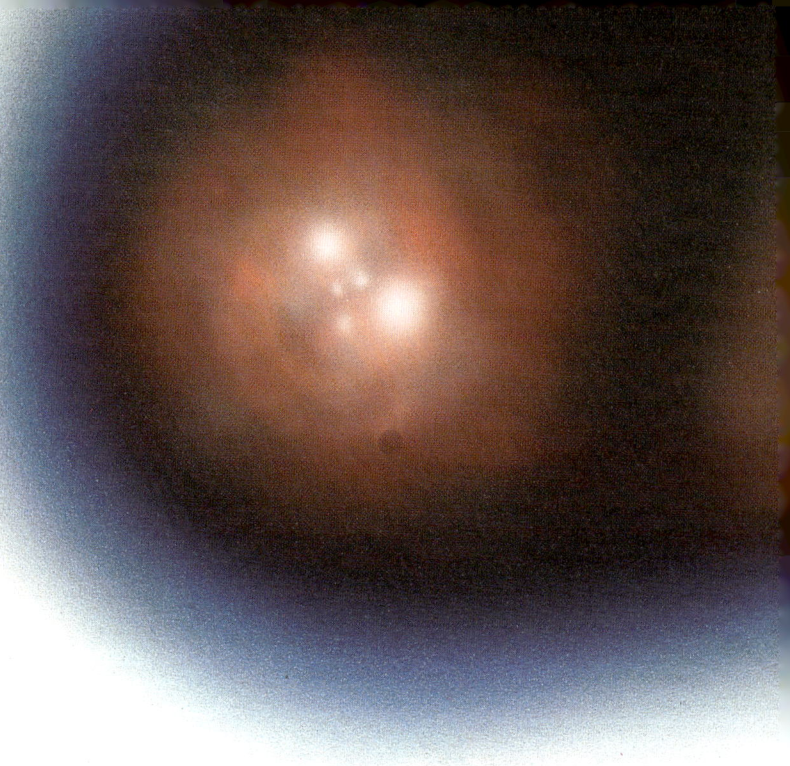

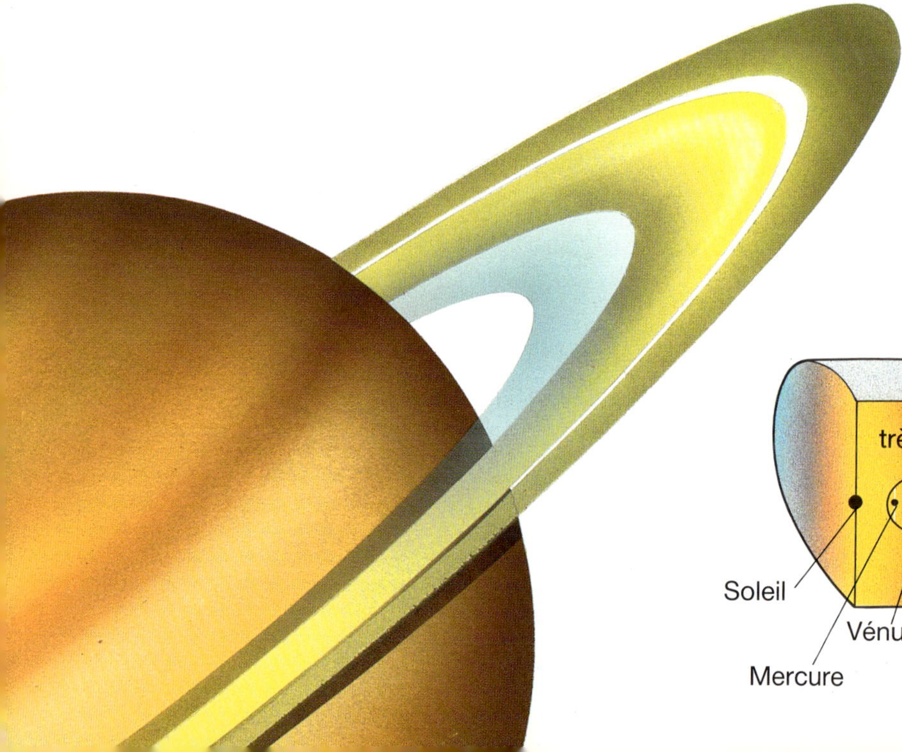

◄ Saturne est entouré de fins anneaux plats, constitués de poussières et de roches couvertes de glace.

▼ Le jeune système solaire contenait un immense anneau aplati de roches, de glace et de gaz, où des planètes se formèrent. Les températures y variaient selon l'éloignement du Soleil, comme aussi les quantités de matières de l'anneau (indiquées ci-dessous par les lignes blanches verticales).

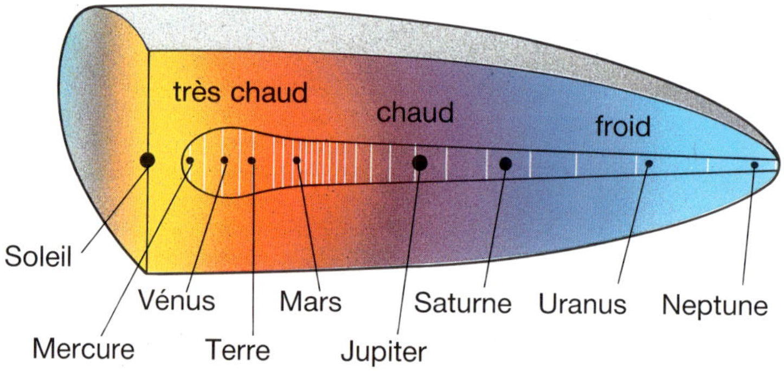

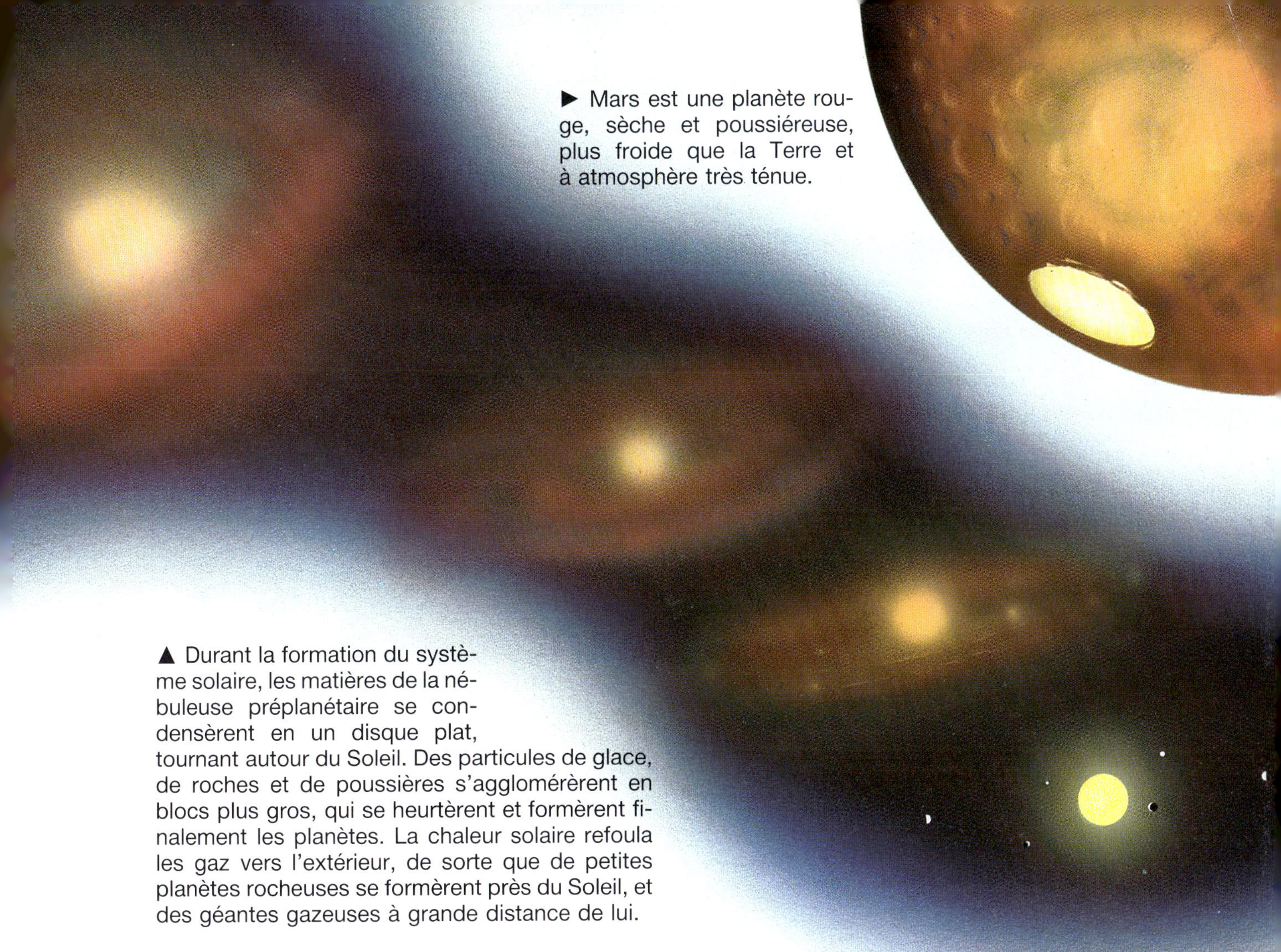

▶ Mars est une planète rouge, sèche et poussiéreuse, plus froide que la Terre et à atmosphère très ténue.

▲ Durant la formation du système solaire, les matières de la nébuleuse préplanétaire se condensèrent en un disque plat, tournant autour du Soleil. Des particules de glace, de roches et de poussières s'agglomérèrent en blocs plus gros, qui se heurtèrent et formèrent finalement les planètes. La chaleur solaire refoula les gaz vers l'extérieur, de sorte que de petites planètes rocheuses se formèrent près du Soleil, et des géantes gazeuses à grande distance de lui.

À proximité du jeune Soleil, il faisait tellement chaud que la neige se transforma en gaz, que les radiations solaires repoussèrent vers l'extérieur, en même temps que l'hydrogène et l'hélium. Près du Soleil ne restèrent que des particules de roches et de fer. Elles s'agglomérèrent peu à peu en blocs de plus en plus gros, et formèrent finalement quatre masses importantes : les planètes Mercure, Vénus, la Terre et Mars.

À plus grande distance du Soleil, il faisait assez froid pour que les flocons de neige subsistent. S'unissant à des particules de roches et de fer, ils formèrent des boules de neige mêlée de grains, de plus en plus grosses. Ainsi se formèrent des masses assez importantes pour attirer l'hydrogène et l'hélium de la nébuleuse. Ceci fut l'origine des planètes géantes : Jupiter, Saturne, Uranus et Neptune. La planète Pluton est probablement un satellite de Neptune, qui échappa à son attraction.

La mort des étoiles

Le Soleil commença sa vie avec assez d'hydrogène à utiliser comme combustible pour chauffer pendant environ 10 milliards d'années. Avec son âge actuel d'environ 4,6 milliards d'années, il lui reste encore longtemps à vivre. Quand il n'aura plus d'hydrogène à brûler, il utilisera de l'hélium à la place. Au cours de ce changement, le Soleil grandira jusqu'à devenir environ 1 000 fois plus gros que maintenant. Il sera alors une étoile du type géante rouge.

Lorsque le Soleil aura épuisé tout son combustible, il se contractera tout en devenant plus chaud, jusqu'à acquérir une grandeur comparable à celle de la Terre. À ce stade final de sa vie, une étoile est appelée une naine blanche. Le rétrécissement s'arrête et la naine blanche se refroidit très lentement. L'étoile devient finalement un bloc de matière froide et dégénérée : une naine noire.

◀ Ce réseau de traînées de gaz apparaît dans la constellation des Voiles. Il y a environ 10 000 ans, une grosse étoile a explosé, en produisant ce qu'on appelle une supernova. Il n'en reste maintenant qu'une étoile à pulsations rapides (ou pulsar) et un nuage de matières qui s'en écartent et se répandent dans la Galaxie. La luminescence rose du nuage provient de l'hydrogène.

Tel est le destin ordinaire des étoiles : elles s'éteignent. Ce sera certainement le cas pour le Soleil. Mais certaines étoiles contiennent beaucoup plus de matière que le Soleil et deviennent explosives quand elles se contractent. Leur explosion éparpille dans l'espace de l'azote, du carbone, du fer et toutes leurs autres matières. Celles-ci se retrouvent finalement dans les nuages de matières spatiales à partir desquelles de nouvelles étoiles et planètes se forment. En fait, presque toutes les matières de toutes les planètes, y compris la Terre, sont constituées de poussières d'étoiles.

◀ Une étoile commence sa vie en se condensant à partir d'un nuage de gaz et de poussières. Durant la plus grande part de sa vie, elle consomme de l'hydrogène et est jaune. Puis elle devient une géante rouge. Enfin l'étoile instable se rétrécit et devient une naine blanche et puis une naine noire.

▶ La nébuleuse Helix montre ce qui arrive quand une étoile qui se contracte éjecte sa matière gazeuse en une nuée immense.

La Voie lactée

La Galaxie où nous vivons est appelée la Voie lactée et contient environ 100 milliards d'étoiles. Beaucoup d'entre elles se trouvent dans la région de la Galaxie appelée le disque. Celui-ci est plat et circulaire, à la manière d'une crêpe. Au centre du disque se trouve une concentration d'étoiles formant un renflement : c'est le noyau.

Vu depuis la Terre, le disque de la Galaxie apparaît comme une traînée brumeuse et laiteuse d'étoiles, qui traverse tout le ciel : c'est pourquoi elle est appelée la Voie lactée. Toutes les étoiles du disque de la Galaxie tournent autour du noyau central. Le Soleil fait un tel tour complet en 225 millions d'années environ. Depuis la formation de la Terre, le Soleil a effectué environ 20 tours complets autour du noyau.

1

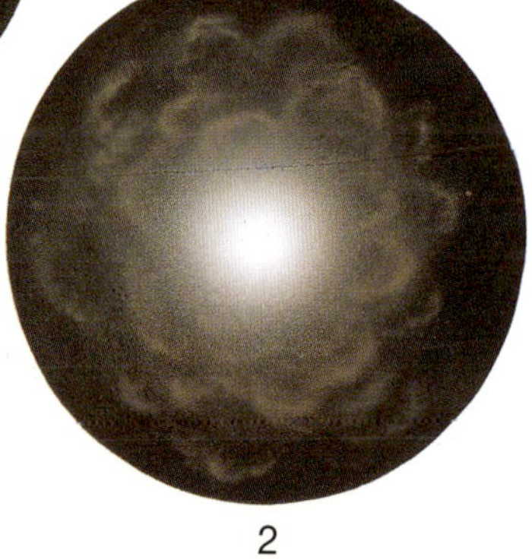

2

3

4

Les étoiles du disque ne sont pas réparties de façon uniforme, mais rangées en alignements dans les bras en spirale qui aboutissent dans le noyau de la Galaxie. Vu de face, son disque apparaîtrait comme une gigantesque roue à rayons courbes. C'est pourquoi les galaxies du même type que la Voie lactée sont appelées des galaxies spirales. Le Soleil se trouve dans la partie de la Galaxie appelée bras d'Orion. Le Soleil et les étoiles voisines tournent autour du noyau galactique à la vitesse d'environ 250 kilomètres par seconde. Le noyau effectue plus de tours que les bras.

▲ Cette photo montre pourquoi la Galaxie est appelée Voie lactée. À l'œil nu, tu ne peux voir que les étoiles aussi brillantes que le Soleil.

◀ L'histoire de la Voie lactée. Les premières étoiles qui s'y formèrent ne contenaient que de l'hydrogène et de l'hélium. Elles naquirent dans le noyau et dans les amas globulaires du halo (1 et 2). Plus tard les gaz et poussières du halo et les nouveaux matériaux éjectés par les étoiles qui explosaient se concentrèrent en un disque (3). Celui-ci se morcela en bras (4), où de nouvelles étoiles telles que le Soleil se formèrent.

▶ La galaxie spirale M83. Nous voyons son disque de face, et les bras en spirale contenant les étoiles se distinguent bien.

Les autres galaxies

Il y a plus d'une centaine d'années, les astronomes pensaient que seule existait la Galaxie, celle où se trouve le Soleil. Ils ont découvert depuis lors qu'il existe des quantités de galaxies, de divers types. Certaines sont petites et d'autres immenses. Leurs bras spiraux sont plus ou moins serrés. Beaucoup de galaxies n'ont pas de bras et ne sont que des amas d'étoiles, de formes diverses : certains amas sont plus ou moins ronds, et d'autres tout à fait irréguliers.

Toutes les galaxies tournent sur elles-mêmes, et leur forme dépend de leur vitesse de rotation. Une galaxie est plus plate si elle tourne plus vite : la force centrifuge plus grande l'étale.

▼ Le Grand et le Petit Nuages de Magellan sont des galaxies irrégulières, contenant chacune quelques milliards d'étoiles.

▲ Divers types de galaxies : *(de gauche à droite, haut)* spirale, 2 elliptiques, irrégulière, spirale barrée ; *(bas)* spirale (vue par la tranche), spirale (vue en biais).

Les galaxies se sont formées lorsque l'Univers était très jeune. Mais dans une galaxie, toutes les étoiles ne naissent pas en même temps. Les premières à se former dans une galaxie spirale sont celles du noyau et du halo qui l'entoure. Ces étoiles sont actuellement très vieilles. Celles qui se formèrent ensuite dans le disque de la galaxie sont beaucoup plus jeunes, et de nouvelles étoiles naissent encore dans le disque.

Les galaxies elliptiques semblent ne contenir que des étoiles anciennes, alors que les galaxies spirales et irrégulières en contiennent des anciennes et des nouvelles. Dans l'hémisphère sud, deux morceaux semblent s'être détachés de la Voie lactée : ce sont le Grand Nuage de Magellan et le Petit Nuage de Magellan. Ces « nuages » sont de petites galaxies irrégulières qui tournent avec la Voie lactée, et qui forment avec elle et avec d'autres un groupe local de galaxies. Ils portent le nom du navigateur Fernand de Magellan, qui effectua un voyage autour de la Terre en 1522.

Groupes, amas et super-amas

Les galaxies ne sont pas réparties de façon égale dans l'Univers, mais se trouvent groupées en amas, comme les maisons des villages. Notre Galaxie fait partie d'un groupe local d'une trentaine de galaxies, dont elle est une des plus grandes. Ce groupe contient deux autres grandes galaxies spirales: celle d'Andromède et celle du Triangle. On y trouve aussi quatre galaxies irrégulières, et les autres sont elliptiques. L'espace entre ces galaxies est environ vingt fois plus important que leur diamètre, et il y règne un vide presque complet. Il y a des amas qui contiennent des milliers de galaxies, paraissant former un ensemble.

1 Voie lactée
2 Lion II
3 Petit Nuage de Magellan
4 Lion I
5 Grand Nuage de Magellan
6 IC 1613
7 Petite Ourse
8 Dragon
9 NGC 6822
10 NGC 185
11 IC 1643
12 NGC 147
13 M33 (Triangle)
14 M31 (Andromède)
15 M32

▼ Cette carte du groupe local de galaxies en situe 15 sur un disque imaginaire, dont le centre est occupé par la Voie lactée. Certaines galaxies, comme Lion I et Lion II, portent le nom de la constellation dans laquelle elles apparaissent (quoique n'ayant aucun rapport avec elles). Remarque l'échelle des distances, en te souvenant qu'une année-lumière vaut 9461 milliards de kilomètres.

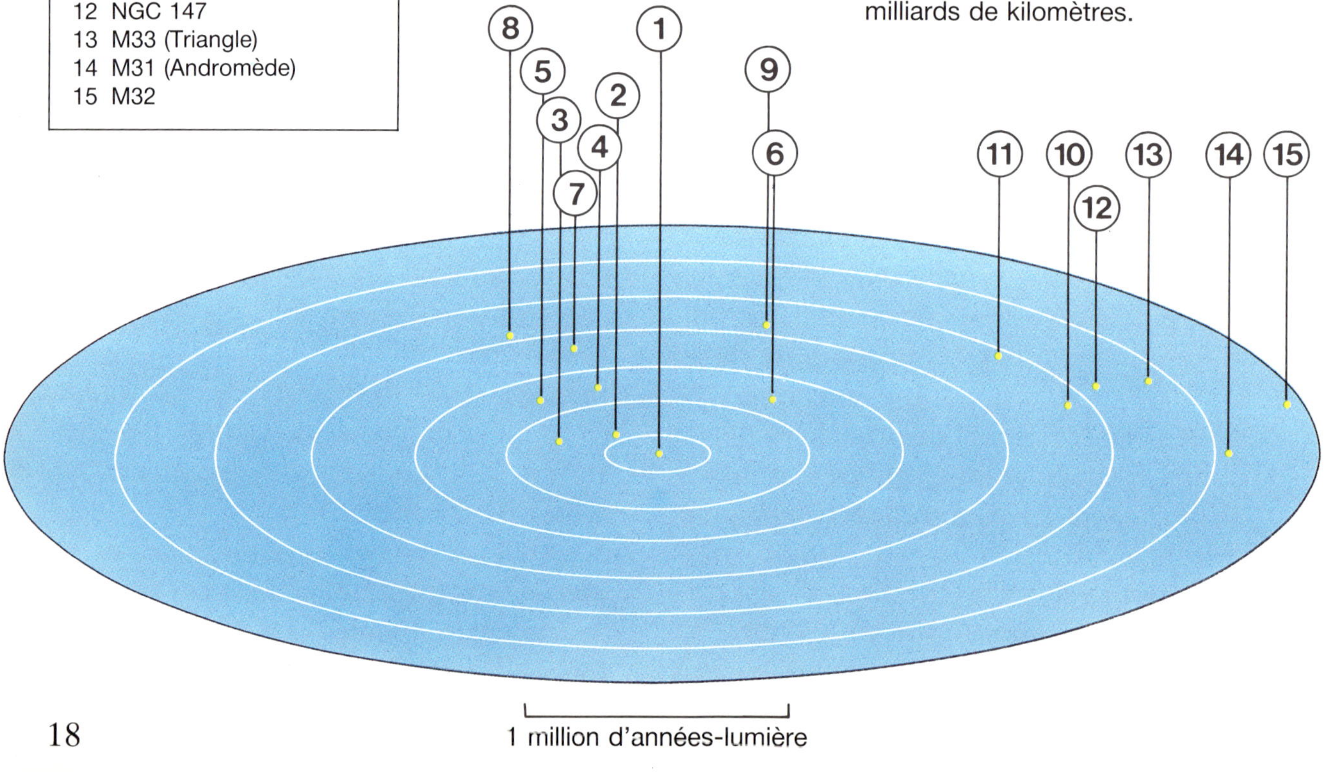

▲ L'amas de la Vierge, situé à environ 60 millions d'années-lumière, est le plus proche de nous. Il contient plusieurs milliers de galaxies et a un diamètre de 10 millions d'années-lumière.

Les distances dans l'espace sont tellement considérables que les astronomes ne les mesurent habituellement pas en kilomètres. Ils préfèrent mesurer en distances parcourues par la lumière en un temps précis. Elle parcourt presque 300 000 kilomètres par seconde. Elle vient du Soleil à la Terre en un peu plus de 8 minutes : les astronomes disent que le Soleil se trouve à 8 minutes-lumière. Pour les plus grandes distances, ils utilisent l'année-lumière, qui vaut 9 461 milliards de kilomètres. L'étoile la plus proche du Soleil se trouve à un peu plus de 4 années-lumière. Le diamètre d'une galaxie spirale mesure environ 100 000 années-lumière.

Les amas de galaxies sont beaucoup plus grands. Certains de ces amas contiennent plusieurs milliers de galaxies. Le grand amas le plus proche est celui de la Vierge. Les amas se groupent aussi en super-amas, qui contiennent une centaine d'amas et peuvent avoir un diamètre de plusieurs centaines de millions d'années-lumière.

L'Univers en expansion

La Terre tourne autour du Soleil, et celui-ci circule autour du noyau de la Voie lactée. Mais les galaxies ont des mouvements différents. Au cours des années 1920, les astronomes américains Vesto Slipher et Edwin Hubble mesurèrent soigneusement la couleur des galaxies. Cette étude leur fit penser que la plupart des galaxies s'éloignent de la Voie lactée.

Si une galaxie s'écarte ou se rapproche de nous, sa lumière qui nous arrive n'a pas la même teinte que quand elle était émise par la galaxie. Si une galaxie s'écarte de nous, la lumière que nous en recevons est plus rouge que si la galaxie restait à la même distance. La lumière que nous recevons des galaxies paraît d'autant plus décalée vers le rouge qu'elles s'éloignent plus vite de nous.

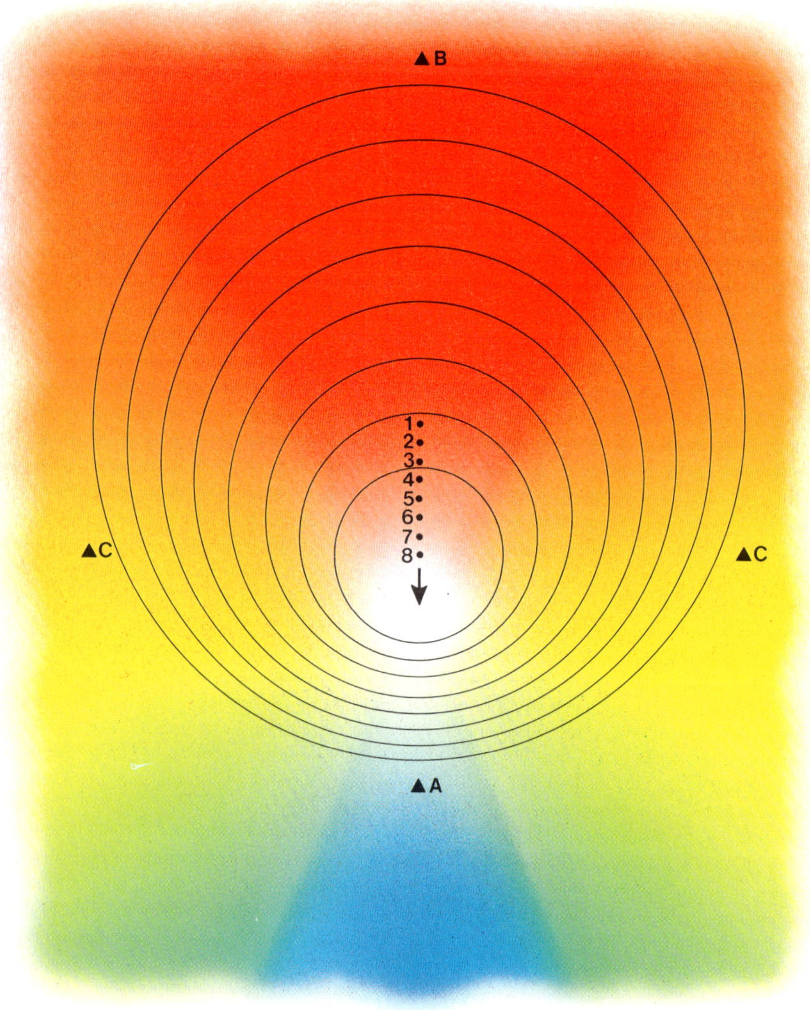

◄ Les points noirs du dessin représentent une source de lumière qui se déplace dans le sens indiqué par la flèche noire. Les cercles entourant les points représentent les ondes de lumière. Si tu regardes la source de lumière depuis le point A, tu reçois des ondes lumineuses décalées vers le bleu. Si tu la regardes depuis le point B, tu reçois des ondes lumineuses décalées vers le rouge. Le décalage de teinte est d'autant plus fort que le changement de distance est plus rapide. Vue depuis l'un ou l'autre point C, la teinte de la source lumineuse ne change pas, car la distance reste la même. La mesure très précise du décalage de teinte d'une étoile ou d'une galaxie permet de mesurer sa vitesse d'approche ou d'éloignement.

► Après le big bang, toutes les matières de l'Univers commencèrent à s'écarter, mais à des vitesses différentes. Ceci provoqua des concentrations locales de gaz en nuages tournants, qui se condensèrent en amas de galaxies sous l'effet de la gravitation.

Slipher et Hubble découvrirent que les galaxies lointaines s'éloignent plus vite de nous que les plus proches. Si une galaxie distante d'un million d'années-lumière s'éloigne de 25 kilomètres par seconde, une autre située deux fois plus loin s'éloigne de 50 kilomètres par seconde, et ainsi de suite.

Puisque les distances entre les galaxies augmentent, l'Univers devient plus grand : il est « en expansion ». Autrefois les galaxies étaient beaucoup plus rapprochées que maintenant.

Il y a environ 15 milliards d'années, toute la matière de l'Univers se trouvait concentrée en une petite masse. La plupart des savants pensent qu'une explosion colossale se produisit alors et éparpilla les matières selon des vitesses différentes. Celles qui ont été lancées à des vitesses plus grandes se trouvent le plus loin dans l'Univers actuel, et tout l'Univers se dilate, car ses éléments s'écartent les uns des autres.

L'Univers froid

Les savants pensent que l'explosion du big bang ne lança pas seulement les matières dans l'espace, mais produisit aussi une énorme chaleur. À mesure que les matières s'écartaient et que la masse de chaleur s'étendait, l'hydrogène et l'hélium (qui constituaient la plus grande partie de la matière) se condensèrent pour former les galaxies et les étoiles, et la chaleur s'atténua.

Aujourd'hui l'Univers contient des galaxies, des étoiles chaudes et les restes froids de la boule de feu primitive. Comparées à la grandeur totale de l'Univers, les étoiles ne constituent que des points chauds minuscules dans un immense espace glacial.

En 1965, les savants américains Arno Penzias et Robert Wilson observaient le ciel au moyen de leur radiotélescope. Les instruments de ce type comportent d'ordinaire une grande cuvette métallique qui recueille les ondes radio et les concentre vers un récepteur. Penzias et Wilson furent les premiers à découvrir que des restes froids de la masse brûlante primitive sont présents dans tout l'Univers. Leur température est descendue à – 270° C, à environ 3° C du zéro absolu, la température la plus basse possible. Leur température est la même dans toutes les directions, ce qui montre que le big bang a très bien mélangé les matières. Cette température résiduelle uniforme prouverait l'explosion primitive qui marqua tout l'Univers.

Avant 1965, certains astronomes avaient émis l'idée que l'aspect général de l'Univers n'avait jamais changé et que de la nouvelle matière était créée constamment, en quantité très faible. La création d'un atome d'hydrogène par décimètre cube en mille ans suffirait, pour que cette matière produise de nouvelles galaxies qui occuperaient les espaces provenant de l'expansion. La découverte des restes de la masse brûlante originelle a rendu cette théorie très improbable. Mais en astronomie, diverses explications ont déjà dû être revues, corrigées ou abandonnées.

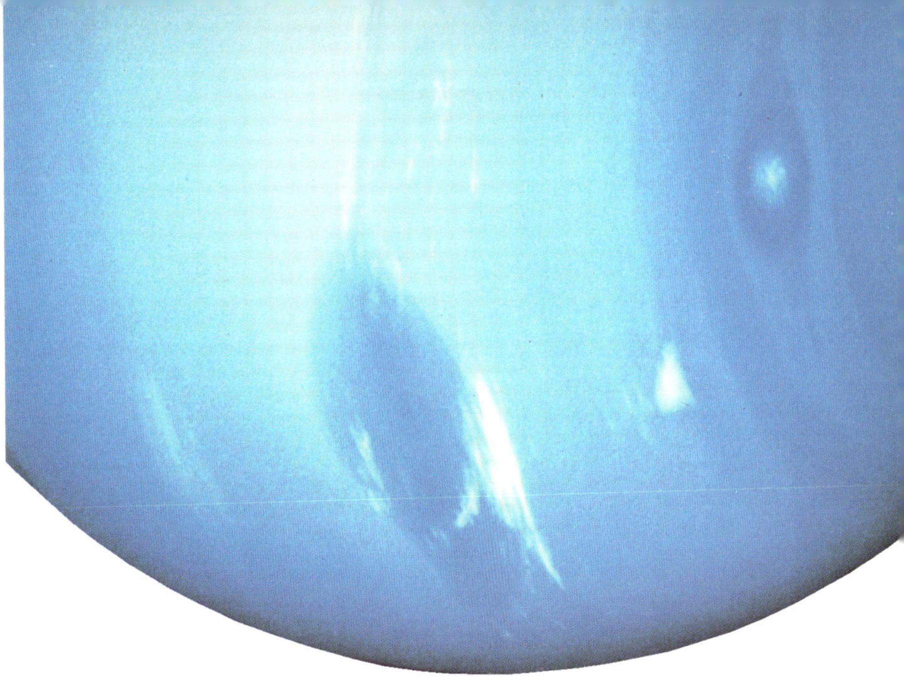

◄ Le plus grand radiotélescope du monde se trouve à Arecibo (Porto Rico) : il a une cuvette de 305 mètres de diamètre. Des signaux radio venant de toutes les directions du ciel peuvent être captés, grâce au déplacement des détecteurs suspendus au-dessus de la cuvette.

▲ Neptune est une planète très froide : sa surface a une température de − 216°C.

▼ Les étoiles de la Grande Ourse semblent assez rapprochées, mais des dizaines d'années-lumière d'espace froid et vide les séparent.

L'âge de l'Univers

À mesure que l'Univers est devenu plus grand et plus vieux, la température des restes de la masse brûlante primitive a diminué. Chaque fois que l'Univers double de volume, sa température baisse de moitié. Le calcul de la grandeur et de la température de l'Univers a permis aux astronomes de déterminer son âge et la température qu'il avait à ses débuts.

► L'Univers fut constitué il y a environ 15 milliards d'années, et notre planète existe depuis environ 4,6 milliards d'années.

Les astronomes ont calculé qu'environ 15 milliards d'années ont passé depuis la création de l'Univers. Mais la Terre n'existe que depuis 4,6 milliards d'années environ. Cet âge peut être calculé d'après le nombre des atomes radioactifs qui restent dans une matière telle que l'uranium, contenue dans certaines roches. Les atomes sont des particules minuscules qui forment les diverses matières.

Le Soleil est plus vieux que la Terre de quelques millions d'années, alors que la Voie lactée est trois fois plus vieille que le Soleil et seulement un peu plus jeune que l'Univers. Lorsque la Voie lactée et les plus anciennes étoiles se sont formées, les galaxies étaient beaucoup plus proches les unes des autres: en fait, elles se touchaient presque.

Reculons encore un peu plus dans le temps. Lorsque le jeune Univers n'était âgé que d'environ 100000 ans, il ne contenait pas d'étoiles. Sa matière ne s'était pas encore concentrée en certaines régions: ses atomes distincts étaient éparpillés de façon égale dans une masse brûlante ayant une température d'environ 4000°C. Le tout jeune Univers était encore plus chaud.

▼ Les premiers animaux apparurent sur la Terre il y a environ 1,1 milliard d'années, et les premiers singes il y a 30 millions d'années. Les premiers hommes ont vécu probablement il y a 2 millions d'années.

Le jeune Univers

Quand l'Univers n'était âgé que de 100000 ans, il ne contenait que deux sortes de matière : l'hydrogène et l'hélium (deux gaz). L'hydrogène constituait les trois quarts de la matière, et l'hélium le quart restant. D'autres matières telles que le fer, le calcium, le magnésium et l'oxygène, ont été produites ensuite au centre des étoiles, et elles ont formé les roches des planètes.

Certaines données sont sûres concernant le jeune Univers : il était petit, très chaud, et sa matière était répartie de façon assez uniforme. Ce dernier point explique pourquoi les restes de la masse brûlante primitive ont la même température dans toutes les directions. C'est aussi pour cela que l'Univers, regardé au télescope dans différentes directions, présente un aspect semblable partout.

Si le jeune Univers avait commencé sous la forme d'une « soupe » totalement uniforme, il n'y aurait jamais eu ni galaxies, ni étoiles, ni planètes. À mesure que l'Univers s'étendait, cette « soupe » serait devenue plus froide et moins dense, pour finir dans un état de nuée extrêmement ténue. Mais l'agitation de la matière causa des concentrations.

◄ Cette photographie de la Terre fut prise au cours du vol d'un engin Apollo autour de la Lune. La force de la gravitation retient la Lune en rotation autour de la Terre.

► Ce dessin représente tout l'Univers, vu à partir de notre Galaxie placée au centre. Regarder très loin dans l'espace nous permet de remonter dans le temps, car la lumière de ces régions a mis du temps pour nous arriver. Nous voyons d'ici que les galaxies très lointaines sont beaucoup plus serrées, et à 15 milliards d'années-lumière nous verrions le big bang. En réalité, notre Galaxie n'occupe pas une position spéciale, et le même dessin pourrait être réalisé avec n'importe quelle galaxie au milieu.

Le morceau élargi montre ce qui arriva après le big bang, quand des atomes d'hydrogène et d'hélium se formèrent, puis se concentrèrent en nuages, et se condensèrent enfin en galaxies.

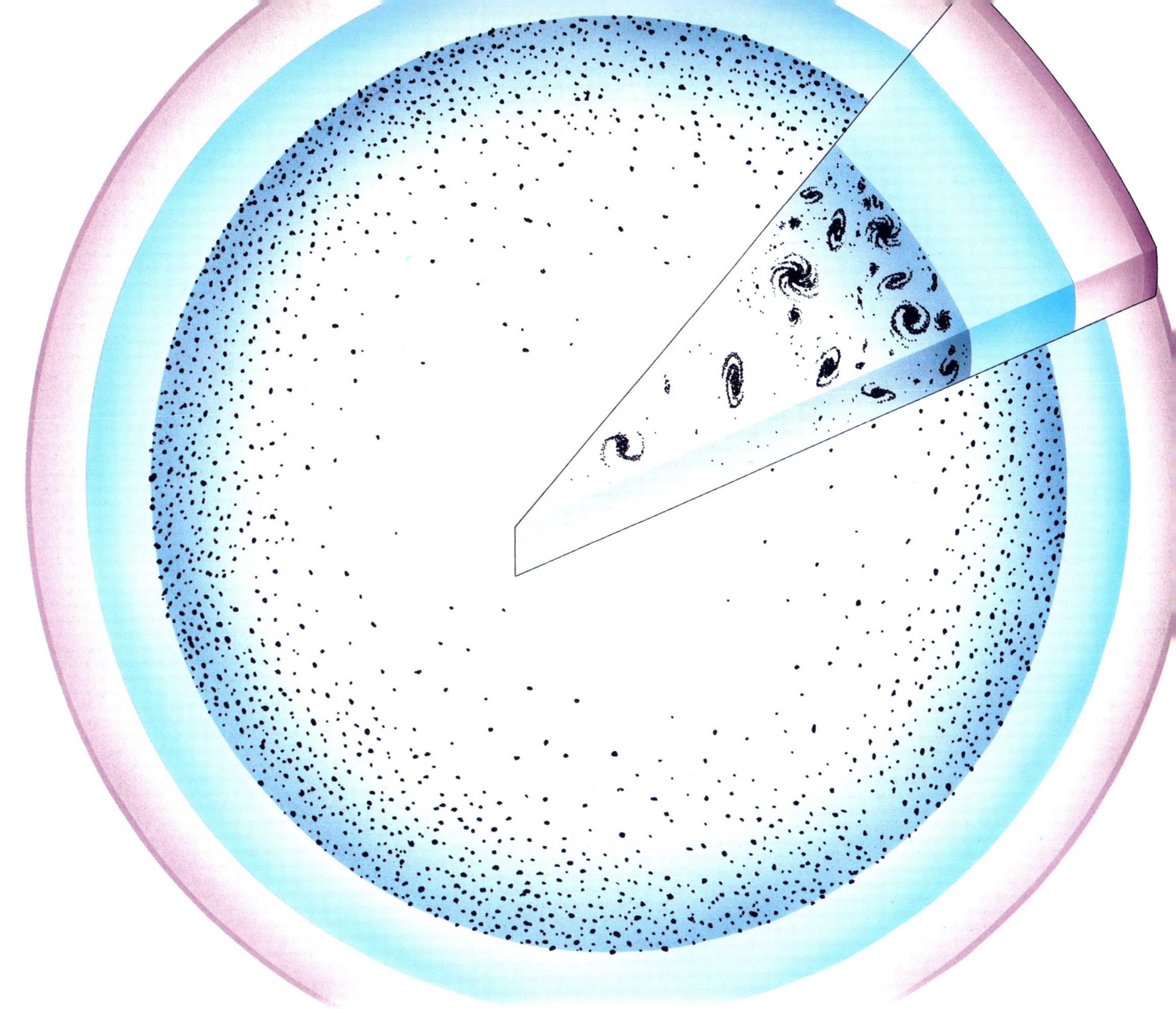

Dans le jeune Univers, certaines régions contenaient un peu plus de matière que d'autres. La force de gravitation (ou attraction) règne dans l'Univers. Elle retient la Lune autour de la Terre, et celle-ci autour du Soleil. Ainsi la matière plus concentrée en certaines régions attira celle des régions où elle était moins concentrée. Dans la « soupe » originelle assez uniforme, des « grumeaux » ou concentrations de matière se formèrent, séparés par de grands espaces plus vides. Les concentrations de matière se divisèrent peu à peu en amas de galaxies, puis en galaxies séparées, et enfin en étoiles et planètes.

L'avenir

D'après le sens même du mot, l'Univers contient tout ce qui existe. Aucune matière n'existe hors de lui, et nous ne connaissons pas d'autre Univers.

Nous savons que l'Univers se dilate, mais nous ne savons pas s'il continuera à le faire toujours.

Les astronomes pensent que l'Univers pourrait évoluer de deux façons différentes. Il est sûr que les galaxies qui s'écartent ralentissent leur mouvement d'expansion. Celui-ci pourrait continuer de façon toujours plus ralentie, mais sans s'arrêter jamais.

Dans ce cas les distances entre les galaxies continueront à croître, et l'Univers se dilatera sans fin.

Mais l'autre possibilité est que les galaxies arrêtent un jour leur mouvement d'écartement, et puis commencent à revenir vers le centre de l'Univers. Après des milliards d'années de rapprochement, les galaxies formeraient un énorme essaim qui finirait par se télescoper: comme si une collision frontale se produisait entre des voitures venant de toutes les directions différentes. Alors toute la matière de l'Univers serait comprimée en une seule masse.

Ce « grand télescopage » pourrait être suivi d'une explosion colossale: un nouveau big bang. Alors l'Univers pourrait recommencer une expansion, avec tout le cycle de formation de nouvelles galaxies, étoiles et planètes, et avec l'apparition d'une nouvelle vie.

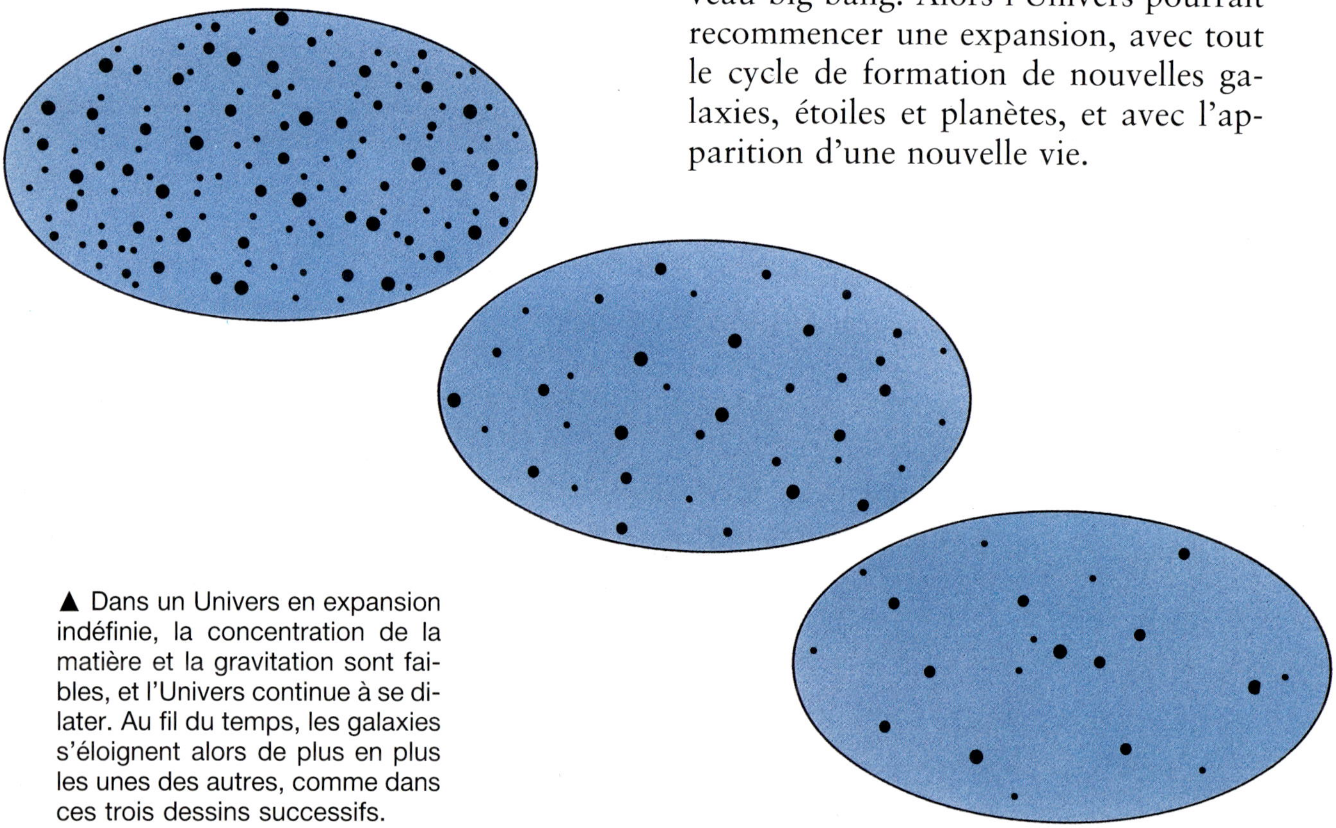

▲ Dans un Univers en expansion indéfinie, la concentration de la matière et la gravitation sont faibles, et l'Univers continue à se dilater. Au fil du temps, les galaxies s'éloignent alors de plus en plus les unes des autres, comme dans ces trois dessins successifs.

◀ Pour comprendre l'avenir de notre Univers, nous devons tâcher de voir de plus en plus loin dans l'espace, ce qui nous permet de remonter dans le temps. Nous devons aussi tâcher de détecter toutes les matières qui se trouvent dans notre région de l'Univers. C'est pourquoi nous avons besoin de très grands télescopes installés sur la surface de notre planète, et d'autres qui circulent dans l'espace, hors de l'atmosphère agitée, chaude et absorbante. Le télescope Hubble ci-contre, photographié peu avant son lancement, est le premier d'une nouvelle génération de télescopes spatiaux. Il était conçu pour fournir des images dix fois plus nettes que celles des télescopes terrestres, et pour voir des objets sept fois plus éloignés. Son miroir ne fut malheureusement pas poli à la forme exacte qu'il fallait, de sorte qu'il donne des images un peu brouillées.

▼ Une maquette du «très grand télescope» (VLT) en construction au Chili pour l'Observatoire européen austral. Il comprend quatre télescopes à miroirs de 8,2 mètres de diamètre.

Compléments

Le système solaire

Le Soleil contient 750 fois plus de matière que tout le reste du système solaire.

La lointaine planète Pluton est 40 fois plus distante du Soleil que la Terre.

Le Soleil est l'étoile la plus proche de la Terre. Après celle-ci, la plus proche est Proxima Centauri, qui se trouve 270000 fois plus loin. La lumière met plus de quatre ans pour venir de Proxima Centauri.

La Voie lactée

C'est *la* Galaxie dont le Soleil fait partie. Elle contient environ 100 milliards d'étoiles. Elle a la forme d'un disque plat, avec un renflement au centre. Le Soleil se trouve dans le disque, à environ 33000 années-lumière du centre. La Galaxie a un diamètre d'environ 160000 années-lumière.

▼ La planète Uranus avec un de ses satellites, Miranda.

Le groupe local

La Voie lactée fait partie d'un groupe local d'une trentaine de galaxies, dont elle est une des plus grandes. D'autres grandes galaxies de ce groupe sont M31 (celle d'Andromède), M32 (qui tourne autour de M31), et M33 (celle du Triangle). La lettre M rappelle Charles Messier (1730-1817), un astronome français qui fut un célèbre chercheur de comètes : il en découvrit 21. Mais il était difficile de distinguer les nouvelles comètes d'autres objets tels que des galaxies et des nuages de gaz, qui avaient tous l'apparence de taches lumineuses dans les instruments de l'époque. Messier réalisa un catalogue

de ces taches diffuses, qui précisait la position, la grandeur et l'aspect de chacune, et les numérotait de M1 à M103. M31 est une grande galaxie spirale, distante de plus de 2 millions d'années-lumière et de forme très semblable à la nôtre. M32 est une petite galaxie elliptique.

La galaxie spirale M33 est éloignée d'environ 2,4 millions d'années-lumière. Ses bras spiraux sont beaucoup moins serrés que ceux de M31 ou de la Voie lactée.

Le groupe local se trouve près du bord d'un superamas de galaxies, dont le centre se situe derrière la constellation de la Vierge.

L'âge des planètes

En mesurant les proportions de matières radioactives (telles que l'uranium) présentes dans une roche, il est possible de dire depuis combien de temps cette roche s'est solidifiée. Des me-

◀ La Voie lactée, photographiée en direction de la constellation du Sagittaire.

sures ont été faites sur les plus anciennes roches de la Terre et sur des roches rapportées de la Lune par les astronautes des engins Apollo. De telles mesures furent faites aussi sur des fragments de météorites, ou blocs de roches venus de l'espace et qui vinrent frapper la surface terrestre après avoir traversé son atmosphère. La plupart des météorites viennent de la ceinture d'astéroïdes ou petites

▼ La quantité d'uranium encore présente dans la pechblende permet de calculer l'âge de la Terre.

planètes qui circulent entre les orbites de Mars et de Jupiter. Dans tous les cas, l'âge des roches les plus anciennes se situe aux environs de 4,6 milliards d'années, et tel semble être l'âge des planètes proches du Soleil.

Histoire de la cosmologie

La cosmologie est l'étude de l'évolution et de la structure de l'Univers. Les premières tentatives réelles d'étude de l'Univers furent accomplies en Mésopotamie (l'actuel Irak) environ 4000 ans avant Jésus-Christ, et les premiers efforts importants visant à déterminer la structure actuelle de l'Univers s'effectuèrent en Grèce vers 500 avant J.-C.

L'astronome, mathématicien et géographe grec Ptolémée publia sa théorie au 2e siècle après J.-C. Selon lui, la Terre se trouvait au centre de l'Univers, et le Soleil, la Lune et les cinq planètes connues tournaient autour d'elle. Autour de la plus grande de leurs orbites se trouvait une voûte sphérique d'étoiles fixes. Le système de Ptolémée resta admis pendant près de 14 siècles.

L'astronome polonais Nicolas Copernic (1473-1543) fut le premier à placer le Soleil au centre de l'Univers. Celui-ci restait considéré comme un peu plus grand que l'orbite de Saturne.

Vers 1850, les astronomes avaient mesuré les distances de quelques étoiles, et l'astronome anglais John Herschel (1792-1871) estima que le Soleil se trouvait au centre d'un groupe d'étoiles en forme de disque.

En 1923, l'astronome américain Edwin Hubble (1889-1953) démontra que la Grande Nébuleuse d'Andromède était une galaxie séparée, située très loin en dehors de la Voie lactée.

Hubble découvrit vers 1929 que les autres galaxies s'écartent de nous. La vitesse de ce mouvement montre que les galaxies devaient être beaucoup plus rapprochées l'une de l'autre il y a 15 milliards d'années. L'astronome anglais Arthur Eddington (1882-1944) calcula que l'Univers contient environ 10^{80} atomes d'hydrogène (soit le chiffre 1 suivi de 80 zéros).

L'astrophysicien belge Georges Lemaître proposa en 1927 la théorie de l'explosion originelle (le big bang), et le Russe naturalisé américain George Gamow l'élargit après 1940.

En 1965, Arno Penzias et Robert Wilson découvrirent que l'Univers est plein de radiations et à une température d'environ − 270° C. Au début de l'Univers, ces radiations ont dû être considérablement plus chaudes.

Index